Conan LÉNORA

Libre

Conan LÉNORA

Libre

Recueil d'histoires courtes vol. 5

Éditions Muse

Publisher:
Éditions Muse
is a trademark of
Dodo Books Indian Ocean Ltd. and OmniScriptum S.R.L publishing group

120 High Road, East Finchley, London, N2 9ED, United Kingdom
Str. Armeneasca 28/1, office 1, Chisinau MD-2012, Republic of Moldova, Europe
Printed at: see last page
ISBN: 978-620-7-81146-5

Libre

Conan LÉNORA

LIBRE

Recueil de textes courts.
(Vol.5)

NOM ÉDITEUR

Adresse éditeur

© Éditeur, 2024
ISBN : 978-620-7-81146-5

À mes filles, Nini, Lili et Sissi.

Avant-propos

Voici le cinquième volet de mes courtes histoires, racontant des épisodes de la vie de tous les jours, heureux ou malheureux.

Comme toujours, ce sont des **textes courts** accompagnés d'une mélodie existante dont la référence est indiquée en entête.

Les chansons sont choisies minutieusement pour leurs qualités sonores et mélodieuses. Elles épousent parfaitement les sujets abordés.

Les textes sont classés tout simplement par ordre alphabétique.

Les thèmes exposés sont très variés : l'amour (*Tu es mon cœur, Tu me passionnes*), la mort (*À ma fille*), la séparation (*Tu me manques tellement, Tu vis la belle vie là-bas, Ne me fais pas ça*), l'abandon d'une mère (*Tu n'étais jamais là*), les histoires de couple (*Cette fois t'as tort, Encore, encore*), la maladie et le suicide (*Partie dans la nuit*), l'alcool au volant (*Le verre de trop*), la boulimie (*Brave gars*), les rouages de la justice (*J'évite au mieux*), la liberté (*Libre*), la chirurgie esthétique (*Tu n'aimes pas ton physique*), et un hommage particulier à Freddy Krueger et sa maman imaginaire (*Mama Krueger*).

Bref, des sujets de sociétés contemporains et dans lesquels on peut tous s'y retrouver et qui suscitent la réflexion. J'essaie d'aborder des sujets pour toucher un public le plus large possible afin que tout le monde puisse se reconnaître à travers un certain texte.

Le thème de la mort et tous ses mystères qui l'entourent, est omniprésent car on a tous autour de soi perdu un proche (famille ou ami) à une période de sa vie, et ce sujet me passionne autant que le paranormal.

Ce sont presque souvent des situations et descriptions où le lecteur avance naturellement dans une narration efficace et logique. Le style est d'une simplicité puérile et remarquable, voire efficace et va à l'essentiel des choses. Les mots les plus simples sont très souvent privilégiés car on n'a pas tous le bagage intellectuel et littéraire de Bernard Pivot. L'image et le message véhiculés, accessibles à tous, sont la priorité de l'auteur. Tous les mots compliqués sont annotés en référence et explicités.

Enfin, si vous n'avez pas encore lu mes précédents volumes, je vous invite à le faire si vous avez appréciez ce livre. Ils sont tous d'une grande richesse en termes de thèmes et de contenus.

Pour ceux qui n'auraient pas encore lu mes livres précédents, afin d'améliorer votre lecture avec la musique, les « e » prononcés ainsi que les syllabes fortement prononcées sont en caractère gras et sous-lignés (**e**, **ant**,…). Les pauses musicales sont notées par **[Music]**, et parfois des notes musicales par **[…]**. Les pauses verbales sont notées par // au milieu d'un mot, par une virgule en milieu de ligne ou par **[Pause]** en fin de ligne. Le signe //, entre deux crochets, indique que les deux propositions de part et d'autre sont possibles (choix multiples).

Enfin, toutes les chansons de tous les volumes sont disponibles et chantées par moi-même sur ma chaîne You Tube.

Le lien est le suivant :

https://www.youtube.com/channel/UCbU4s1 YgQyN0JXHAakDFfjw

Sinon, allez sur You Tube et tapez « Conan Lénora ».

À MA FILLE

(Musique : Christina Aguilera, Hurt)

Alors que **je me** prom'nais dans ton cimetière
J'entendis **une voix** dans l'air, c'est toi qui m'app'lait
Tu avais **sans** doute, vu comme je pleurais
Ooh, ooh

Depuis je ne vois que toi
Et je n'oublierai jamais
L'amour que tu me donnes
Je suis comme attiré
Par l'esprit dans ce tombeau
Qui adoucit mes peines
J't'embrasse et je suis comme fou
Je sens tout<u>e</u> ta lumière

Oh, je sais qu't'es morte, dans ce trou
J'te remercie, pour ça et pour tout
Grâce à tes bienfaits, je tiens le coup

Je n'sais vraiment rien de toi, mais ça me suffit
Il n'y a que cette plaqu<u>e</u> noire, marquée "À ma fille"
Et puis un<u>e</u> photo de toi, une où tu souris

Ooh, ooh, ah

Je voudrais te dire mon Amour
Qui traverse tout mon corps quand
Je suis sur ta tombe assis
Et que j'entends bien ta voix
Me nourrir plein de mots doux
Et là je sais ma chance
D'êtr**e** tout près de toi
En face de ton regard

Oh, je sais qu't'es morte, dans ce trou
J'te remercie, pour ça et pour tout
Grâce à tes bienfaits,
Oh, oh

Et je n'ai qu'un seul regret
C'est de ne t'avoir rencontrée ici qu'après ton décès
Oh, ce n'est pas juste
T'es dans l'au-delà
Et moi je pense à toi

Je sais qu't'es morte, dans ce trou
J'te remercie, pour ça et pour tout
Grâce à tes bienfaits, je tiens le coup

BRAVE GARS

(Musique : Billie Eilish, Bad guy)

Mon cœur, tu n'sens pas qu'il, explose
De suite, faut qu'je fasse quel//que chose
Très vite, il nous faut faire une pause
Au s'cours, elle est si folle
Je suis, malgré tout, son époux
J'essaie, de n'pas devenir fou
J'vais pas, tenir longtemps du tout
Il faut, la camisole

Je ne me couche pas
Surtout ne me touche pas
[Ferme un peu ta bouche car // Ce soir je découche car]
Y a des escarmouches là
T'es malade toi
Tu ne te balades pas
Tu nous barricades là
Cesse tes sérénades car
J'suis un brave gars, … moi
[Music]
J'suis un brave gars

Chaque fois, que je sors elle s'affole
Elle croît, toujours que je la trompe
Cette fille, c'est une vraie bestiole
Suffit, qu'elle picole
Dehors, je n'la sors pas j'ai honte
On dit, que c'est un mastodonte
Et puis, elle n'est plus à mon goût
Aussi, c'est une barjot

Et puis j'étouffe là
C'est un truc de ouf ça
Vivre avec une pouf//iasse
Et ici je bouffe mal
T'es maussade toi
Moi je rétrograde là
Faut une escapade car
C'est la débandade là
J'suis un brave gars, … moi

J'suis un brave gars, … moi
J'ai plus du tout envie d'être là, là

J'suis un brave gars
J'suis-j'suis un brave gars
Brave gars, brave gars
J'suis un brave … gars

CETTE FOIS T'AS TORT

(Musique : Ava Max, Torn)

C'est, c'est vrai au début ça-ça m'a//musait
La, la façon dont tu te comportes
Mais, mais maint'nant je n'aime pas-pas-pas c'est
vrai
Quand, sur moi tu t'énerves et t'emportes

T'es pas sérieuse chérie
Quand tu me pourris la vie
Et à n'importe-porte-porte quelle heure de la nuit
Quand je n'étais pas d'humeur
On peut tous faire des erreurs
Mais là c'est trop-trop-trop, de soucis

R1 [Oh, j'veux que tu restes, j'te le redis encore
Oh no, cette fois, chérie t'a tort
Je n'suis pas d'accord, tu n'fais pas d'effort
Oh no, je crois, qu'chérie, t'as tort
Toutes tes crises je les supporte
C'est quand tu dors, que j'me repose
Tu me reproches, toujours plein de choses
Oh no, cette fois, c'est toi qu'as tort **]**

C'é//tais mauvais tout ce que-que-que t'as fait
Mais, mais je n'veux pas de ton départ
Je n'peux pas me passer de toi car je t'aime
Même, même si au fond tu es bizarre

T'es plus heureuse ici
Tu voudrais partir ou fuir
Tu veux qu'je sorte-sorte-sorte très vite de ta vie
Tu dis exprès des horreurs
Des mots qui brisent le cœur
C'est fini stop-stop-stop, ça suffit

R2 [Oh, tu n't'intéresses qu'à ton petit confort
Tu n'vois, pas comme tu me dévores
Je sais que t'adores, qu'enfin je t'implore
Mon corps, en moi, se détériore
Ton égoïsme, je le déplore
Faut que je sorte, pour faire du sport
Quand j'suis dehors, c'est du réconfort
Sur toi, des fois, je m'interroge **]**

(Tort, tort, chérie, t'as tort, tort)
(Tort, tort, chérie, t'as tort, tort)

Des fois chez toi presque tout qui m'envoûte
Où je suis tout ébloui
Et d'autres où je ne te trouve plus belle
Et qu'aussi tu me dégoûtes
Mais mon cœur n'est qu'à toi pour la vie

R3 [Ce que tu disais, je me le remémore
Tes mots, parfois, trop durs, trop forts,
Quand tu perds le nord, tu souhaites ma mort
Tu as, battu tous les records
Tes idioties, je les ignore
Quand j'm'améliore, tu me sabordes
Ce que je colore, tu le décolores
Oh no, cette fois, c'est toi qu'as tort]

ENCORE, ENCORE

(Musique : Solid Base, Mirror, mirror)

Encore, encore
J't'aime encore, je t'attends à la même adresse
Dis-moi ce que j't'ai fait ?
Tu sais j'ai tant besoin de toi mon tréésor

R [Encore, encor**e** j'adore
Les contours de tout ton corps
Tous mes jours, et toutes mes nuits
Je suis fou car t'es partie
Encore, encore, tu m'ignores
Mais je t'aime toujours plus fort
J'envoie ces mots, sur les réseaux, j't'ai dans la peau
]

Je suis, chez moi je dors, et jamais je ne sors
À ma porte, je guette si tu toques
L'alcool aussi, qui me détruit
J'ai pas envie, de revoir mes amis
Aussi ne vide, jamais les poubelles
Partout sur le sol, plein de bordels
Et ma vaisselle, je n'l'a fait jamais

Je vis, parmi tous mes déchets

[R]

P [Je n'sais pas, si déjà t'as trouvé un autre
Et puis toi, toujours pas là, ça craint c'est chaud
Tu recois, des messages de, moi sur ton phone
Mais je crois, quand c'est moi, que, tu me bloques]

J'arrive pas à m'y faire sans toi, oh yeah
J'sais plus, ni le jour, le mois (mois)
Oooù est le sud ou le nord (le nord)
Si j'suis en vie, ou bien si je suis mort

[R]
[P]

Ne me laisse pas, dans cet état
Au panorama, des cartons de pizzas
J'attends que sonne, mon téléphone
J'ai pas compris encore, que tu m'abandonnes
Que c'est fini, tout entre nous
Je n'peux rien y faire, si tu t'en fous
Si tu préfères un, autre à tes pieds
Mais tu sais, qu'au fond tu m'as laissé

[R]
[P]
[R]

J'EVITE AU MIEUX

(Musique : Katy Perry, I kissed a girl)

J'ai un lourd passé derrière moi

In//terpellations

Gardes-à-vue, et ce n'était pas

Que, des infractions

Suite aux con//damnations

Je, suis en probation[1]

J'ai des zones d'exclusions,

Des, interdictions

J'évite au mieux, toute la police

Les corps de la gendarmerie

J'évite les cours de la justice

Le greffe, les juges, et même le SPIP[2]

Accusations, au tribunal

---

[1] Ordonnance rendue par le tribunal dans le cadre d'une peine et enjoignant à l'accusé de ne pas troubler l'ordre public, d'avoir une bonne conduite et de respecter les autres conditions que le tribunal peut exiger. L'ordonnance de probation a une durée limitée, par exemple, deux ans, et peut ou non nécessiter la supervision d'un agent de probation (CPIP).

[2] Service Pénitentiaire d'Insertion et de Probation.

Parties civiles contr**e** moi
Poursuivent sans preuve prima facie[3]
Pas facile !

J'ai fait beaucoup de cours d'appel
C'é//tait jamais mieux
Pas d'liberté conditionnelle
Non, trop dangereux
Quelqu**es** pa//ssages au trou[4]
Les endroits les plus laids
Un**e** peine jusqu'au bout
Moi, je l'ai fait ait

J'évite si j'peux, tous ces services
Même Les hôpitaux psychiatriques
Tous les docteurs de ces hospices
Avocats, procs[5], jurés choisis
Même les matons[6], dans les MA[7]
Les CP[8] ou les Centrales[9]

---

[3] Locution latine signifiant « de prime abord, à première vue » et utilisée pour qualifier une preuve considérée comme suffisante pour établir un fait jusqu'à preuve du contraire.

[4] Aussi appelé mitard, c'est la prison dans la prison.

[5] Abréviation de Procureur.

[6] Les surveillants pénitentiaires.

[7] Maison d'Arrêt.

Le pire c'est quand t'es assis …
Aux Assises[10]

Les crimes, ça passe en criminel
Les p'tits délits, correctionnel[11]
La récidive[12], exceptionnelle
Pour beaucoup, il suffit
De leur donner, une seconde chance

Ils[13] lisent des heures, toute ta vie,

---

[8] Centre Pénitentiaire, qui comprend plusieurs quartiers : une MA, un CD, parfois une Centrale. C'est devenu la norme actuellement.

[9] Centre où sont retenus les plus grands criminels dont ceux qui purgent une peine à perpétuité.

[10] Abréviation de la cour d'Assises où sont jugés les personnes qui encourent des peines au-delà de 10 ans. En deçà, c'est le tribunal correctionnel qui a cette charge où la peine maximale encourue est de 10 ans. Mais il faut savoir qu'aux Assises on peut prendre une peine inférieure à 10 ans.

[11] Tribunal correctionnel.

[12] Contrairement à l'image véhiculée par les médias, la récidive criminelle (meurtres, viols, etc.) est très rare (environ 3 %), contre 50% pour les délits liés à la délinquance autour des trafics de drogue par exemple.

[13] Le greffier commence par lire toutes les affaires du défendeur, puis sa vie est passée en revue durant tous les jours du jugement (de 3 jours à quelques mois pour les grandes affaires liées au terrorisme où plusieurs accusés sont impliqués).

Victimes en pleurs, qui te noircissent

J'assiste des heures aux plaidoiries[14]

Des robes, des toges[15], sont leurs habits

Ils font mention du code pénal,

Aussi les ex//perts[16] sont là

Ils disent que t'as une maladie ...

Psychiatrique.

---

[14] Semblable au plaidoyer; discours ou présentation des parties à l'intention du tribunal à la fin d'une instance, après que la preuve a été présentée et avant que le tribunal ne rende sa décision; occasion donnée aux parties de résumer les questions en litige, la preuve et le droit et de tenter de persuader le tribunal de rendre une décision en leur faveur.

[15] Vêtement noir ou rouge que portent les avocats, les procureurs ou les magistrats.

[16] Experts en tous genres : psychologique, psychiatriques, médecins légistes, balistiques, ...

LE VERRE DE TROP

(Musique : Laura Branigan, Self control)

Dans le noir, sur ma route
T'arrives à, vive allure
Je te fais, un signe mais c'est
Bien trop tard, tu n'm'as pas vu

Tu n'as pas, le control
Nos bagnoles, qui se percutent
Mais tu n'as, qu'un**e** blessure
Moi je gis, sur le sol

C'était la fête, t'as pris un verre de trop
T'as pris la vie d'un**e** fille cette nuit-là
La mort m'a **fau**chée parce que tu picoles
T'était pompette, t'étais paf, t'étais saoul

Oui mais ce soir, ce soir à cause de toi
Je ne pourrai jamais rentrer chez moi
Je suis victime des ravages de l'alcool
T'as pris un verre, t'as pris **le** verre de trop

Toi, tu vis avec just**e** quelqu**es** dégâts

Moi je suis passée **de** vie à trépas
Tout ça pour un verre de trop
C'est injuste, personne ne mérite
Le tombeau beaucoup trop tôt

Je n'vais pas
Revenir et revoir mon beau mari
Je n'vais pas non plus voir grandir ma fille
Tout s'est fini cett**e** nuit
Car j'**a**vais une très bell**e** vie [pause]
Avant d'voir ton auto

Oh-oh-oh
Oh-oh-oh
Oh-oh-oh
Oh-oh-oh
Oh-oh-oh...

Pas d'brouillard, ni vent fort
Pas d'verglas, ni la grêle
Pas d'tempête, et pas d'averse
Ce jour-là, un temps superbe

Toi, tu n'as donc pas d'excus**e** pour tout ça
J'ai laissé un**e** fille et son papa
J'espère que t'as des remords

Tu vas bientôt devenir [pause]
Trop accroc à l'alcool

Je n'vais pas
Revenir et revoir mon beau mari
Je n'vais pas non plus voir grandir ma fille
Tout s'est fini cette nuit
Car j'avais une très bell**e** vie [pause]
Avant d'voir ton auto

Oh-oh-oh
Oh-oh-oh
Oh-oh-oh
Oh-oh-oh
Oh-oh-oh...

T'as fait la fête, dans un mauvais bistrot
Tu commandais, une bouteille d'alcool
Buvais un verre, buvais **le** verre de trop
J'avais à faire, sortais de mon boulot

T'as fait la fête, dans un mauvais bistrot
Tu conduisais, dans une belle Renault
Tu ne savais, pas que c'était idiot
J'avais de vrais, et beaux projets en cours.

LIBRE

(Musique : Michel Berger, Vivre)

Dans tout mon corps
J**e**, me sens léger et bien
En voyant le mirador
Libre

De nouveau, dehors
Redeviens un citoyen
Je suis content que je sors
Libre

Mes pleurs ont rempli des sceaux
Des décennies que je m'ennuie
Et aujourd'hui je suis bien
Libre

Dans mon cerveau
Reste, reste, rest**e** des morceaux
Du passé dans les cachots
À survivre

J'ai, j'ai tant payer

Mais pas assez encore
Pas suffisant les efforts
À suivre

En vrai, t'es, jamais sans chaîne
Voir les, conseillers chaque semaine
Ils sont là jusqu'à ta mort
à te poursuivre

Didou-didou-dida
Ces vautours voudraient ma peau
Je repars à, zéro
Libre

Mes rendez-vous et tous mes soins
Leur, font voir à la fin
Que je, s'rai par tous les moyens
Libre

Je, je tiendrai l**e**, coup
Jusqu'à la, fin de ma vie
Et je serai à tout prix
Libre

Ma dett**e** je l'ai payée
Dans ce trou où j'ai souffert

Je serai à chaque anniversaire
Libre

Libre
Simplement libre.

MAMA KRUEGER

(Musique : Tove Lo, Cool girl)

On me brûle vif, à la suit**e** de mes meurtres
Car en série, je suis devenu tueur
Déjà petit, j'ai des sign**es** de sadisme
Rien qu'à ma vue, les gens sont pris de panic

P [Maint'nant je tue juste pour mon plaisir
Depuis tout jeune
C'est dans une central**e** thermique
Dans une chauff**eee**rie, que
Je travaille mes griffes pour vous **]**

R1 [C'est moi, c'est moi, c'est moi Krueger[17], de la, saga Krueger
Je sors, des morts, quand toi tu t'endors
C'est moi Krueger, pour toi, cauch'mar, horreur

---

[17] Freddy Krueger, tueur en série fictif brûlé vif par les parents de ses jeunes victimes, Freddy revient d'entre les morts sous forme démoniaque afin de poursuivre et assassiner des adolescents dans leurs rêves. Défiguré et muni de griffes fixées sur un gant de cuir, le personnage est une icône du cinéma d'horreur incarné pour la première fois par Robert Englund dans *Les Griffes de la nuit* (1984).

Dans l'Ohio, chez moi à Springwood]

Et de ma classe, j'étais le mauvais garçon
On n'm'aimait pas, dans ma famille d'adoption
À Westin Hills, dans l'hôpital psychiatrique
Je suis né, et j'ai défrayé la chronique

[P]

R2 [Mama, mama, mama Krueger, mama, mama
Krueger
La nonne, à l'hôpital, des fous violent
C'est moi Krueger, c'est moi, voilà Krueger
Ados, qui dorment, c'est ça que j'adores]

[R1]

Je porte un chandail
Rayé vert et rouge
Et puis mon visage
Défiguré fais peur

[R2]

C'est moi Krueger, de la, saga, saga saga
Trop fou pour vous

C'est moi Krueger, de la, de la, saga, saga, saga
C'est moi Krueger, de la saga Krueger
Je sors, des morts, quand toi tu t'endors.

TU ES MON COEUR

(Musique : Samantha Fox, I surrender (to the spirit of the night)

T'es un**e** fille incroyable, pleine de fraîcheur

Tout ce que tu **faiai**s, c'est magique
Autour de toi, tout est féerique
T'es trop spéciale, aussi fantastique
Incomparable, t'es si magnifique

Comme les étoiles qui brillent dans la nuit
C'est inimaginable, comme tu es inouïe (*oh oh oh*)

Tu es mon bonheur, tu n'me remplis que de joie
T'es mon bonheur (*t'es mon bonheur*)
Mais quand t'es triste ou tu pleures, j'ai mal dans
mon cœur (*oh oh oh*)
Tu es la lueur, qui me dirige dans le noir

C'est enchanteur, comme t'es si parfaite
Depuis les orteils, jusqu'à la tête
Même les couleurs, ell**es** t'envient
Inexprimable, comme t'es si jolie

Comme les amas dans les galaxies
Tu es si ineffable, tu es indicible (*oh oh oh*)

Et tu es ma fleur, t'es trop sublime quand j'te vois
Tu es ma fleur (*tu es ma fleur*)
Mais quand t'es triste ou tu pleures, j'ai mal dans
mon cœur (*oh oh oh*)
Et puis ton odeur, elle est exquise, agréable

Tu es mon cœur

Plus b**eee**lle que toi ça n'exist**e** pas
T'as le monopole de ce côté-là
Je pourrais mourir de plaisir face à toi
Et tu mets le feu quand t'approches de moi (*oh oh
oh*)

Et comme un docteur, tu me guéris quand j'ai mal
Comme un docteur (*comme un docteur*)
Mais quand t'es triste ou tu pleures, j'ai mal dans
mon cœur
Tu es ma liqueur (*t'es ma liqueur*),tu m'enivr**es** tous
les soirs

Tu es mon cœur (*oh oh oh*)

Tu es ma chaleur, quand tu t'assis près de moi

T'es ma chaleur (*t'es ma chaleur*)

Mais quand t'es triste ou tu pleures, j'ai mal dans
mon cœur (*oh oh oh*)

C'est de la douceur (*de la douceur*), quand tu souris
devant moi (*souris devant moi*)

Et quand tes yeux pleurs, mes mains essuient toutes
tes larmes (*essuient toutes tes larmes*)

Et ta sueur, un élixir délectable

(*Plus belle que toi, c'est surnaturel, oh oh oh*)

T'es la meilleure, t'es un**e** fille formidable.

TU ME MANQUES TELLEMENT

(Musique : Elsa Esnoult, Comme une petite fille)

P [Depuis que t'es partie, mon cœur
Plus rien ici, n'a de saveur
Sans toi c'est vide l'appartement
Tu me manqu**es** tell'ment

T'as préféré t'enfuir, ailleurs
Dans les bras de ton beau coureur
J'ai pas vu qu't'avais un amant
Tu me manqu**es** tell'ment **]**

Tu savais bien que **je** voulais
Vivre avec toi et t'épouser
Je te l'avais dit autrefois
Dès la premièr**e** fois

Je crois toujours à ton retour
Et je l'espèr**e** tant chaqu**e** jour
Mais rien du tout ne vous rassemble
Quand je vous vois ensemble
[Musique]
Comment peux-tu tout oublier ?

Comme ça sans raison me quitter
Effacer tous les bons moments
Je t'attends chaque instant

C'est comme si tu me tire une balle
C'est comme un**e** peine capitale
Quand tu me fais tous ces tourments
Tu me manqu**es** tell'ment

Tu sais, qu'je n'vais jamais me relever
Après m'avoir ainsi laisser tomber
Tu croyais tous les mots qu'il te disait
Alors que je t'aimais

Tu n'sais pas tout le mal que tu me fais
Surtout, après les projets qu'on avait
Tu voulais de moi avoir un enfant
Tu me manqu**es** tell'ment

[P]

Reviens chez toi maint'nant
On repart comme avant.

TU ME PASSIONNES

(Musique : Culture Club, Karma Chamelion)

Tu m'as fait voir les étoiles au collège
Et à mes tous premiers pas, au lycée

Les jardins, de tout Babylon
Devant toi, ils sont moins beaux
Tu étais, vraiment si mignonne
Une belle ado, pas un cageot

Tout le temps, l'hivers, le printemps, l'été et puis
l'automne
T'es dans ma peau, dans mes vaisseaux
T'étais la fille la plus jolie, la plus divine
Si féminine, ma vitamine

T'as pas idée de l'effet que tu m'fais
Chaque fois que tu arrives, sur mon trajet

C'est si beau, ce que tu me donnes
Que nos vies soient belles et longues
Et il faut, que jamais notre heure
Ne sonne le gong, ne sonne le gong

Tout le temps, l'hivers, le printemps, l'été et puis
l'automne
T'es dans ma peau, dans mon cerveau
Près de toi je voudrais qu'ma vie ne se termine
Et comme tu brilles, dans mes rétines

Je t'aimais, petit à l'école
De tout mon cœur, t'as ma parole
J'te trouvais, sympa, la plus drôle
Et quel bonheur, quand tu rigoles

[Musique]

Il n'y a, aucune personne
Ni aucun, eldorado
Qui autant, que toi me passionne
Tu m'rends dingo, tu m'rends dingo

Tout le temps, l'hivers, le printemps, l'été et puis
l'automne
T'es dans ma peau, dans mes canaux
Quand j'te vois j'aimerais que le temps s'éternise
Que tu m'dises "Oui", dans une église

Tout le temps, l'hivers, le printemps, l'été et puis
l'automne

J't'aime en recto, ou en verso

Quand t'es là c'est comme si c'était le paradis

Ou les Antilles, ou Tahiti

Tout le temps, l'hivers, le printemps, l'été et puis l'automne

J't'aime en clodo, ou en bobo

Y a rien de mieux que toi dans toute la galaxie

Dans la magie, la fantaisie

Tout le temps, l'hivers, le printemps, l'été et puis l'automne

J't'aime en mono, en stéréo

Quand je te vois je me dis "Dieu est un artiste !"

Quand j'réalise, que tu existes.

TU N'AIMES PAS TON PHYSIQUE

(Musique : Rihanna, Don't stop the music)

Tu n'aimes pas ton physique, physique, physique
Tu vas à la clinique, clinique, clinique
Tu n'aimes pas ton physique, physique, physique
Tu vas à la clinique, clinique, clinique

Tu me plais, même si t'as perdu la beauté de ta jeunesse
C'que tu fais de ta chirurgie, c'est devenir plus laide
J'ai pas besoin d'une poupée, laisse-moi te venir en aide
Avant que tu décèdes, yeah

Surtout, ne plus jamais avoir de défaut du tout
Comme les stars de la télé qui sont tes idoles
Tu dis, qu'on se moquait déjà de toi à l'école
Que t'es mal dans ta peau, oh

P [T'as choisi les bistouris, les râpes et les pince-aiguilles
Maint'nant t'es prête à donner ton corps, à la plastie
Commence par les oreilles, pour toi trop décollées

Tu voudrais bien, te refaire les seins et puis les
fesses]

Mais toi ce que tu préfères
C'est de faire de la chirurgie
Lifting, et prothèses
Tu n'mesures pas les risques
Ni tous les traumatismes
Tout ce que ça implique
Tu n'aimes pas ton, tu n'aimes pas ton physique

Tu aimes te faire découper
Par des scies, ciseaux, et rugines[18]
Aussi, des crochets
Tu n'mesures pas les risques
Ni tous les traumatismes
Tout ce que ça implique
Tu n'aimes pas ton, tu n'aimes pas ton, tu n'aimes
pas ton physique

Chérie tes désirs sont de plus en plus forts
De la liposuccion, tu en veux encore
Et les infiltrations, t'en fais beaucoup trop

---

[18] Instrument chirurgical formé d'une petite plaque
d'acier à bords biseautés supportée par un manche et servant
à racler les os.

Ça coûte des euros, oh

[P]

Pour bien te refaire le nez
Tu fais de la rhinoplastie[19]
Aussi, les mollets
Tu n'mesures pas les risques
Ni tous les traumatismes
Tout ce que ça implique
Tu n'aimes pas ton, tu n'aimes pas ton physique

Pour te refaire les oreilles
Tu veux faire de l'otoplastie[20]
Tu dis, ça te plaît
Tu n'mesures pas les risques
Ni tous les traumatismes
Tout ce que ça implique

---

[19] Le mot rhinoplastie décrit la modification anatomique et morphologique du nez, afin d'améliorer l'esthétique du nez, et si besoin ses problèmes fonctionnels (troubles respiratoires). Cette chirurgie du nez vise à remodeler le nez pour améliorer sa morphologie.

[20] L'otoplastie correspond à la chirurgie esthétique des oreilles. Elle permet de modifier la forme des oreilles chirurgicalement et ce de manière définitive. Elle permet entre autres de corriger les oreilles décollées et d'améliorer le rendu esthétique de la projection des oreilles.

Tu n'aimes pas ton, tu n'aimes pas ton, tu n'aimes
pas ton physique

Q [Tu le sais je n'ai pas besoin de ça

Je ne sais pas pourquoi tu fais tout ça

Tu le sais moi je n'aime pas tout ça

Et tu sais que je t'aime pas comme ça] (2X)

Tu n'aimes pas ton physique

[Q]

Tu n'aimes pas ton physique, …

De la chirurgie mammaire

Pour ton apparence physique

Facelift[21], les paupières

Tu n'mesures pas les risques

Ni tous les traumatismes

Tout ce que ça implique

Tu n'aimes pas ton, tu n'aimes pas ton physique

---

[21] Le « facelift » ou lifting du visage est une interven-
tion chirurgicale qui consiste à corriger le relâchement de la
peau causé par l'effet du temps. Les techniques pour remodeler le visage ont beaucoup évolué depuis la première
rhytidectomie. De nos jours, il existe plusieurs approches
avec ou sans chirurgie pour effectuer un lifting du visage.

Et le botox sur tes lèvres
Tu le fais que pour l'esthétique
Tu dis, c'est parfait
Tu n'mesures pas les risques
Ni tous les traumatismes
Tout ce que ça implique
Tu n'aimes pas ton, tu n'aimes pas ton, tu n'aimes
pas ton physique

[Q] (2X)

Tu n'aimes pas ton physique, ….

[Q]

Tu vas à la clinique, clinique, ….

Tu n'aimes pas ton physique, ….

TU N'ETAIS JAMAIS LA

(Musique : Kim Wilde, Kids in America)

Je n'ai mêm**e** pas un**e** photo
À qui de vous deux je ressemble, je **ne** le sais pas
Je suis trist**e**, **mais** tu ne le vois pas
Tu n'as pas pensé à l'avenir
Souvent je m'demandais pourquoi elle m'abandonne
Et comment te dire que je te pardonne ?

Personn**e** ne t'a remplacé
Aucune autr**e** je n'ai aimé

J'voulais te serrer dans mes bras
Je voulais grandir avec toi
Rester près de toi mais t'étais jamais là

J'ai pas connu l'amour d'une mère
Un jour, je te connaîtrai, avec un peu de chance
Tu manques, à ma vie, depuis mon enfance
Chaque fois, que tout seul je pleurais
Dans mon cœur, tell'ment, je saignais, j'avais mal
Et je souffrais car t'étais jamais là

C'est toi, que j'aime, dont j'ai envie
C'est toi, qui m'a donné la vie

Pour mes fêtes tu n'étais pas là
Dans ta tête, je n'exist**e** pas
Je ne sais mêm**e** pas si tu penses à moi

La la la la-la la-a
La la la la-la la (Sing)
La la la la-la la-a
La la la la-la la

Pas cool d'être élevé par son père
J'ai passé toute mon adolescence, si malade
Oh, s'en était trop, les lits, d'hôpital
Le soir avant de m'endormir
Pour toi, je faisais des vœux et des prières
J'espère tant que t'es, en vie

As-tu comm**e** moi les yeux noirs ?
Je voudrais de ta vie, tout savoir

Qui tu es, et où c'est chez toi ?
Si tu vis, près ou loin de là ?
Dans ta vie, y a-t-il un**e** plac**e** pour moi ?

La la la la-la la-a
La la la la-la la (Sing)
La la la la-la la-a
La la la la-la la

Pour mes fêtes
Pour mes fêtes
Pour mes fêtes, tu n'étais pas là
Dans ta tête
Dans ta tête
Dans ta tête, je n'existe pas
Je ne cesse,
Je ne cesse,
Je ne cesse, de penser à toi
Je te cherche,
Je te cherche,
Je te cherche, mais te trouve pas.

TU VIS LA BELLE VIE LA-BAS

(Musique : Madonna, La isla bonita)

Je vis très mal ton départ

En toi, la chaleur, il **faiai**t beau
Tu as l'anticyclon**e** des Açores,
En moi, dépressions, toujours l'hiver
Il fait si froid, pas d'été, ni de soleil

Canicules ou temps humides
De la neige, du gel, du givre
C'est ça l'air que je respire
Tu vis la, belle vie là-bas
Mon ciel n'est jamais clair
Comment vis-tu là-bas ?
Moi j'imagine la vie chez toi
Épanouie dans la joie

Dans ton décor, bell**e** météo
Chez moi, de jour comme de nuit, que de la pluie

Une for**te**, alb**éé**do[22]

Empêche les rayons solaires, d'entrer en moi

Tornad**es**, blizzards et bises

Tourment**ent** tout mon esprit

C'est l'enfer ce que je vis

Tu vis la, belle vie chez-toi

Jamais vu d'arc-en-ciel

Comment vis-tu là-bas ?

Moi j'imagine la vie chez toi

Épanouie dans la joie

Vois comme je suis, tu n'me ressembl**es** pas

Mêm**e** si tu viens de moi, quelque chose ne va pas

Des intempéries, tonnerres et orages

Dans mon cœur me dévorent, mais chez toi, la fraîcheur

Nuag**es** gris remplissent tout mon corps

---

[22] L'albédo, ou albedo, est le pouvoir réfléchissant d'une surface, c'est-à-dire le rapport du flux d'énergie lumineuse réfléchie au flux d'énergie lumineuse incidente.

L'albédo est la part des rayonnements solaires qui sont renvoyés vers l'atmosphère. L'albédo permet de calculer grâce à un facteur entre 0 et 100 le rayonnement solaire réfléchi par une surface, 0 correspondant à une surface absorbant tous les rayons, et 100 à une surface renvoyant tous les rayons.

Et le ciel bleu découvert, de ton côté

Trop d'cyclon**es** qui me brisent
Et parfois des vagues de brise
C'est polaire là où je suis
Tu vis la, belle vie sans moi
Je n'ai que des averses
Comment vis-tu là-bas ?
Moi j'imagine la vie chez toi
Épanouie dans la joie
Da-da, da-da-da

Sous mes pas, verglas, je glisse
Je ne vois que le ciel gris
La tempê**te** me poursuit
Le temps calme, c'est pas pour moi
Au ciel que des éclairs
Comment vis-tu là-bas ?
Moi j'imagine la vie chez toi
Épanouie dans la joie

La-la-la-la-la-la-la
Il fait beau, il f**aiai**t chaud
La-la-la-la-la-la-la
Il fait toujours beau chez toi
Pa-pa-ra-pa-pa, pa-pa-pa-pa (ah-ah)

Ah-ah, ah-ah
Tu vis la, belle vie là-bas
Ah-ah, ah-ah, ah-ah.

NE ME FAIS PAS ÇA

*(Musique : The Chainsmokers, Don't let me
down)*

Je suis, sur le sol
Chez moi, **a**ssis, dans mon sous-sol
J'aime cet **en**droit, **la** nuit quand je m'isole
Je suis, au plus bas
Je n'ai qu'une aide, mon recours, c'est toi
Et je t'appelle, au secours de là

R [Tu t'en fous, tu t'en fous, tu t'en fous de moi
Oui, tu t'en fous de moi
Mais ne me fais, ne me fais, ne m'fais pas ça
Ici, j'ai trop besoin de toi
Et tu le sais, que je t'adore
Que j'voulais vivre, près d'toi jusqu'à la mort
Mais ne me fais, ne me fais, ne m'fais pas ça
Ne m'fais pas ça **]**

Ne m'fais pas ça
Ne m'fais pas ça, pas ça
Ne m'fais pas ça
Ne m'fais pas ça, pas ça

Tu m'as laissé seul chez moi
Je n'imagine pas ma vie sans toi
Ne me laisse pas mourir comm**e** ça

[R]

Ne m'fais pas ça
Ne m'fais pas ça, pas ça
Ne m'fais pas ça, pas ça
Ne m'fais pas ça, pas
Ne m'fais pas ça
Ne m'fais pas ça, pas ça

Ooh, ici j'ai tant besoin de toi, yeah
Ooh, je suis comme fou quand t'es pas là, yeah

[R]

Non, Ne m'fais pas ça
Non, Ne m'fais pas ça
Ne m'fais pas ça, oh, non
Non, Ne m'fais pas ça
Ne m'fais pas ça, non, oh

Ne m'fais pas ça, pas ça
Ne m'fais pas ça, pas ça

PARTIE DANS LA NUIT

(Musique : Alphaville, Sounds like a melody)

On se moquait de toi
T'avais perdu beaucoup trop de, poids
Et tu ne, le supportais pas
T'étais anorexique
Tu recevais des messages d'h**or**reur
Dans ta chambre tu pleurais quelqu**es** fois
Mais, tu restais, incomprise
C'était pas des blagueurs
Pourtant j'ai vu ton corps qui s'est amaigri
Mais à personne, t'as **rien** dit
À sa mère on se confie
J'aurais pour toi, peut-être pu faire des choses
Pour ma p'tite fille

R [Tu faisais tout mon bonheur
Tu es partie dans la nuit
Et c'est un**e** tragédie
J'ai rien vu hier soir
À cause de quelqu**es** moqueurs
T'es suicidée cett**e** nuit
Sans prévenir tes amis

Sans dire au revoir]

Tu n'étais qu'une ado
Tu avais toute la vie devant toi
Et tes rires, m'inspiraient **la** joie
Et je ne comprends pas
Tu n'm'as jamais parlé des railleurs
Qui critiquaient sur les, réseaux
Et qui n'ont fait grandir, dans ton esprit
Que le désir de mort
Qui naît en toi, et de plus en, plus fort
Mais ta mélancolie, ta maladie
Te faisaient si, souffrir
Je n'sais pas pourquoi, tu n'm'**as** pas p**ar**lé de ça
Mais c'est trop tard

Je n'ai pas vu tes douleurs
Tes appels et tous tes signes
Alors je culpabilise
Je me sens coupable
Ma fille est montée au ciel
Sûr'ment vers le paradis
Elle est partie dans la nuit
Je ne l'oublie, ne l'oublie pas
[R]

Table des matières

I want morebooks!

Buy your books fast and straightforward online - at one of world's fastest growing online book stores! Environmentally sound due to Print-on-Demand technologies.

Buy your books online at
www.morebooks.shop

Achetez vos livres en ligne, vite et bien, sur l'une des librairies en ligne les plus performantes au monde!
En protégeant nos ressources et notre environnement grâce à l'impression à la demande.

La librairie en ligne pour acheter plus vite
www.morebooks.shop

info@omniscriptum.com
www.omniscriptum.com

Printed by Books on Demand GmbH, Norderstedt / Germany